Ане Каррильо

Взаимосвязь между запасами подстилки и углеродом почвы

AF144458

Ане Каррильо

Взаимосвязь между запасами подстилки и углеродом почвы

Анализ общего органического углерода и этноботанические тесты в факсинальных системах

ScienciaScripts

Imprint

Any brand names and product names mentioned in this book are subject to trademark, brand or patent protection and are trademarks or registered trademarks of their respective holders. The use of brand names, product names, common names, trade names, product descriptions etc. even without a particular marking in this work is in no way to be construed to mean that such names may be regarded as unrestricted in respect of trademark and brand protection legislation and could thus be used by anyone.

Cover image: www.ingimage.com

This book is a translation from the original published under ISBN 978-620-2-04322-9.

Publisher:
Sciencia Scripts
is a trademark of
Dodo Books Indian Ocean Ltd. and OmniScriptum S.R.L publishing group

120 High Road, East Finchley, London, N2 9ED, United Kingdom
Str. Armeneasca 28/1, office 1, Chisinau MD-2012, Republic of Moldova, Europe
Printed at: see last page
ISBN: 978-620-7-24428-7

РЕЗЮМЕ

1

"Вся природа - это божественная гармония, чудесная симфония, которая приглашает всех существ сопровождать ее в развитии и прогрессе".

(Цай Чих Чунг).

БЛАГОДАРНОСТИ

Во-первых, божественным силам, потому что благодаря вере они побудили меня никогда не сдаваться, преодолевать свои страхи и верить, что все возможно.

Я хотел бы поблагодарить свою семью - мою опору перед лицом трудностей. Моему отцу Ариэлю за то, что всегда мотивировал и подбадривал меня; спасибо за помощь на протяжении всей моей жизни. Моей дорогой маме за ее молитвы, поддержку и ласку.

Моему любимому Родриго, моему партнеру по жизни, за всю его помощь, активное участие в моих исследованиях, мою правую руку в полевых условиях, мою академическую помощь, мою опору в жизни. Он был со мной на каждом шагу, и в этом исследовании его огромные усилия и преданность делу присутствуют в каждом результате.

Я хотела бы поблагодарить своего научного руководителя профессора Эдивальдо за его руководство, за открытие моих исследовательских горизонтов, за его советы и дружбу.

Друзьям я благодарен Каролю Обалу, моему товарищу с самого начала обучения в магистратуре, присутствовавшему в хорошие и плохие времена. Спасибо Жессике Бородяк а

За помощь в работе с образцами в лаборатории, за поддержку и дружбу. Моему другу Адальберто Перейре за его советы по учебе, за то, что он принял меня в качестве преподавателя, за уроки, полученные в поле и в лаборатории. Друзьям из моего класса, дорогим людям, которые приняли меня. Профессору Валдемиру Антонелли за удовольствие делиться и обмениваться знаниями в классе и в поле. Отличный профессионал и друг. Даниэлю Р. Потме за то, что направлял меня и помог разобраться в изучении углерода в почве, за его методические советы и рекомендации. Моя благодарность профессорам за все обучение и хорошие профессиональные моменты.

За Гуарапуаву, которая с распростертыми объятиями приняла меня на этом этапе, за завязавшиеся дружеские отношения и особенных людей, которых я встретил.

Я хотел бы поблагодарить жителей Факсиналя Парана-Анта-Горда за согласие на проведение исследования и участие в диалоге. В частности, я хотел бы поблагодарить "Сеу Педро" за помощь в работе и обмен знаниями. Каждая поездка в поле была вдохновляющей благодаря

2

обмену знаниями.

Государственный университет Центр-Запад, программа аспирантуры по географии, за оказанное доверие.

Экзаменационной комиссии за готовность и профессиональное обогащение. Всем, кто в той или иной мере присутствовал и внес свой вклад в завершение этой работы. Большое спасибо.

РЕЗЮМЕ

Наличие общего органического углерода (ОУУ) в почве влияет на ее химические, физические и биологические свойства, поэтому его важность заключается в качестве и поддержании почв, особенно тропических. Информация о влиянии и факторах, влияющих на содержание ТОС в факсинаисе, скудна. Цель данного исследования заключалась в оценке взаимосвязи между запасами подстилки в факсинале различного назначения и их влиянием на концентрацию углерода в почве. Исследование проводилось на факсинале Анта Горда, расположенном в муниципалитете Прудентополис, в центрально-южном регионе Парана. Данные были проанализированы путем сбора подстилки по классам использования в системе Факсинал, за исключением класса пастбищ, который был обработан в лаборатории через его свежий вес и сухой вес. Этноботаническое флористическое исследование было проведено для того, чтобы интегрировать интерпретацию видов Факсинала, которые могут внести свой вклад в процесс отложения и хранения подстилки. Что касается содержания углерода в почве, то деформированные образцы были отобраны в случайных точках в пределах 5 единиц отбора проб в зоне размножения и внешней контрольной зоне. Процесс отложения органического вещества в почве способствует накоплению органического вещества, а также улучшению структуры и качества почвы. Разница в показателях (ТОС) между участками отсутствует, различия наблюдаются на более глубоких участках, между глубинами и между видами использования. ТОС линейно уменьшается с глубиной, с наибольшей концентрацией в верхних слоях на глубине (0-10 см). Таким образом, переменная подстилки не оказалась положительным предиктором запаса углерода в почве. Накопление углерода в почве обусловлено отношениями использования и управления в системе Фраксинал. Поскольку верхний слой почвы не обнажался и не было механизации, это привело к сохранению и консервации (ТОС) с течением времени.

Ключевые слова: Устойчивость, ландшафт, деградация

1 ВВЕДЕНИЕ

Факсинаи в центрально-южном регионе Парана - это остатки традиционного образа жизни с особыми культурными аспектами. Этот факсинальный образ жизни основан на агросельскохозяйственной деятельности. Система факсиналь характеризуется традиционной принадлежностью к лесу, где развиваются материальные и нематериальные практики, что делает ее особенной с точки зрения использования и управления природными ресурсами на основе экологических знаний, которые являются "[...] местными, коллективными, диахроническими и целостными" (TOLEDO, 2002 apud TOLEDO; BARRERA-BASSOLS, 2009, p. 35).

По мнению Чанг (1988), она проводит различие на объективной основе, где факсинал - это особый тип растительности, а факсинальная система - это форма экономической организации, с интегрированным доходом и использованием леса и прилегающих территорий.

Термин "факсиналь" обычно используется в некоторых регионах Параны в связи с особым типом растительности с присутствием араукарии, травы мате, имбуи, корицы и других видов. Система факсиналь ассоциируется с сельским распределением и организацией, в этом смысле с общинным животноводством на общей территории, сельскохозяйственным производством и, в некоторых факсиналях, с процессом добычи мате (NERONE, 2015, p. 77).

Эта форма агропасторальной организации имеет особые и уникальные характеристики с точки зрения землепользования. Сначала экономика базировалась на трех основных видах деятельности: животноводстве, пищевой поликультуре и добыче мате. В структуре ландшафта сельскохозяйственные угодья используются для свободного содержания животных. А посадочные земли используются для выращивания сельскохозяйственных культур. Что касается организации землепользования в пределах факсинаиса, то земля делится на две части: сельскохозяйственные угодья и плантации (NERONE, 2015).

Однако с течением времени на территориях Факсиналенсе, особенно с появлением в некоторых населенных пунктах табаководства, плантаций сосен и эвкалиптов, а также посевов зерновых культур, таких как соя, структура ландшафтов в некоторых районах южно-центрального региона штата изменилась.

Araucaria angustifolia, известная как сосна Парана, распространена на юге и юго-востоке страны. Ее использование всегда было связано с добычей и вырубкой древесины для производства различных изделий, помимо основного использования в пищу, поскольку ее семена, кедровый орех, являются специей для исконного населения, например, коренных жителей региона. Богатство смешанного омброфильного леса позволяет понять значение араукарии для сохранения и правильного использования природных ресурсов леса, ее типологию и способы использования в местных условиях. В лесной среде круговорот питательных веществ является основополагающим фактором для поддержания структуры и функционирования леса, особенно для производства и накопления подстилки. На производство подстилки влияют различные биотические и абиотические факторы, такие как: высота над уровнем моря, широта, рельеф, листопадность, тип растительности, стадии сукцессии, гидрологический фактор и характеристики почвы. Такая изменчивость может происходить потому, что каждая экосистема имеет свои особенности и определяет факторы, которые могут преобладать между этими реалиями.

Среди этих факторов Брэй и Горхэм (1964) заявили, что климат, несомненно, является самым важным. По мнению Брея и Горхэма (1964), наиболее важными климатическими факторами для образования подстилки являются высокие температуры, более продолжительный вегетационный период и большее количество солнечного света. Те же авторы добавили, что в целом подстилка состоит на 60-80% из листьев, на 10-15% из веток и на 125% из коры (FIGUEIREDO FILHO, 2003).

Система факсиналов представлена в штате Парана, расположенном в области смешанных омброфильных лесов. Междисциплинарный интерес к теме факсиналов выделяется. В частности, география, которая пронизывает область человека с социокультурными и экономическими перспективами. Физическая география исследует взаимодействие между обществом и окружающей средой посредством изучения антропогенных процессов, таких как эрозия, деградация почвы, динамика отложений, вклад мусора, инфильтрация и т.д. (THOMAZ, 2011).

Когда мы анализируем важность землепользования, изучение взаимоотношений между почвой и лесом входит в раздел понимания процесса действия и хранения органического углерода в почве. Исследования динамики углерода в почве при системах управления и их влияния на окружающую среду получили широкое распространение в последние три десятилетия (GONÇALVES, 2014).

Целью данного исследования была оценка взаимосвязи между запасами подстилки в различных местах использования системы Фраксинал и содержанием углерода в почве.

2. ФАКСИНАЛЬНАЯ СИСТЕМА, ЭКОЛОГИЧЕСКАЯ ДИНАМИКА ЛАНДШАФТА

Фраксинаи Параны - это традиционный образ жизни и использования природных ресурсов в Паране (NERONE et al., 2005). Практика совместного использования земель применяется и в других местах, в частности в других странах, таких как Франция, Испания, Италия, Англия, Украина, Польша, Германия, Ангола, Колумбия и Бразилия. В нашей стране земли общего пользования связаны с культурными вопросами, такими как идентичность с территорией, с популярными классификациями и собственными названиями, такими как "Черные земли", "Индейские земли", "Земли святых", "Свободные земли", "Фундо де Пасто" и "Факсинаис" (TAVARES, 2008).

В структурном отношении факсимильная система становится все менее актуальной в сельской местности, особенно в центрально-южном регионе штата, где в некоторых населенных пунктах более распространено обозначение "факсимильный" (NERONE, 2005). Что касается организации системы факсимиле, то она состоит из трех отношений, как показано на рисунке ниже:

Рисунок 1: Организация системы факсимиле

Источник: NERONE (1999).

Несмотря на признание прав на соответствующие традиционные территории, законодательство не учитывает сложности социально-пространственной динамики, затрагивающей традиционные общины, поскольку в его основе лежит идея асинхронной временности традиционализма, при которой община будет оторвана от окружающего общества, невосприимчива к идеям и процессам современности.

Начиная с 1980-х годов, по данным Floriani et al. (2011), факсинаи пытались приспособиться к императивам рыночной логики, земельному давлению и отсутствию государственной политики местного развития, специфичной для социально-экологической реальности этих территорий, трансформируя их социально-пространственную организацию. Эти факторы приводят к постепенной утрате агробиоразнообразия - плода коэволюционных взаимодействий между этими группами и экосистемой, синтезированных в совокупности традиционных знаний и практик.

Исходя из процессов (ре)территоризации, этой социально-пространственной идентичности "традиционным" способом, можно охарактеризовать форму организации и классификации факсинала, согласно Соузе (2009), на четыре типологии, с тремя типами факсинала (Таблица 1) "с общим использованием" и классом 4 "без общего использования".

Таблица 1: Классификация типологий факсимиле

КЛАССИФИКАЦИЯ ТИПОЛОГИЙ ФАКСИМИЛЕ

Создатель 1открытого сустава	Его специфическая территория включает в себя большие участки земли (более 1000 гектаров), к которым свободно подходят "высокие и низкие фермы". В этих районах преобладают местные леса, по которым перемещаются фермы, лишь "препятствуя" продвижению эвкалиптовых и сосновых монокультур.
Огражденный 2общий заводчик	Они характеризуются наличием общего пользования основными ресурсами в "общих животноводческих хозяйствах" различной степени, где свободно перемещаются "низкие животные" (козы, овцы, свиньи и куры) и "высокие животные" (крупный рогатый скот и лошади), физически разграниченные заборами общего пользования, "мата-буррос", воротами, канавами и реками.
Огражденный 3общий заводчик	Для них характерно "огораживание" с помощью 4-полосных проволочных заборов на границах некоторых или всех владений, которые ранее предназначались для использования "общим фермером". В общем пользовании преобладает только так называемый "крупный" или "высокий" скот (лошади, коровы), который циркулирует на общих территориях, доступных в течение разных периодов времени в течение года в зависимости от состояния местных пастбищ. Низший скот, то есть свиньи и козы, содержатся в "семейных манговых деревьях", изолированных от общих территорий, или в свинарниках. В этих районах широко распространены системы агропромышленной интеграции, такие как табаководство, свиноводческие и птицеводческие фермы, а также "чакрейрос".

Источник: SOUZA (2009, p. 21-22).

8

В настоящее время, по данным Floriani et al. (2011), факсинальная вселенная в целом переживает следующую социально-пространственную трансформацию: набор традиционных видов производственной деятельности (экстенсивное разведение, кустарные формы добычи и натуральные поликультуры) уступает место интенсивным коммерческим монокультурам (табаководство, выращивание сои, лесовосстановление с использованием экзотических видов, среди прочих культур и интенсивное разведение); демографический рост и рост цен на землю; строительство сараев для отдыха на территории общинных племенных угодий. Все эти факторы привели к конфликтам факсинального населения с другими социальными сегментами и спорам между самими жителями, что в конечном итоге может привести к распаду общины и/или заставить их принять адаптивные стратегии в условиях модернизации их территории.

Они известны как зоны сохранения естественных ландшафтных особенностей. Система Факсинал была признана традиционной территорией в конце 1990-х годов и определена в Указе № 3446-14/08/1997 как таковая:

> Традиционная крестьянская производственная система, характерная для центрально-южного региона штата Парана, которая характеризуется коллективным использованием земли для животноводства и сохранения окружающей среды. Она основана на взаимодействии трех компонентов: а) коллективное животноводство на свободном выгуле на общинных племенных участках; б) сельскохозяйственное производство - натуральная пищевая поликультура для потребления и продажи; в) малозатратное лесопользование - выращивание мате, араукарии и других местных видов (PARANA, 1997, p. 1).

В этом смысле необходимо оценить формы землепользования в системе Faxinal, особенно использование табаководства, характерного для производственного сектора в регионе Центр-Юг, где показатели изначально пронизаны разведением свободно гуляющих животных, которые взаимосвязаны как фактор эрозии, уплотнения и деградации почвы за счет переворачивания верхнего слоя почвы на пастбищах. Эта эрозия, вызванная вытаптыванием почвы животными, обычно происходит вблизи заборов и водотоков. Во время дождей материал разрушается и переносится поверхностным стоком в эфемерные каналы, которые откладываются в пониженных местах на склонах, заиливая водоемы (ANTONELLI; BEDNARZ, 2010).

Другим показателем является добыча леса, которая была основой экономики Параны благодаря существованию на ее территории видов, представляющих большую экономическую ценность, таких как сосна (*Araucaria angustifolia*), имбуйя (*Ocotea porosa*), эрва-мате (*Ilex paraguariensis*) и др. Это оказало большое влияние на формирование

9

факсинаи и их последующее распространение в Паране и соседних штатах (ALBUQUERQUE; WATZLAWICK; MESQUITA, 2011). Это связано с растительными аспектами смешанного омброфильного леса (FOM), где почва может подвергаться деградации в районах, где ведется интенсивное хозяйство, например, вырубка леса. С течением времени в лесные массивы были внедрены продуктивные методы, и в районах с тропическим климатом они представлены более широко.

Что касается действий животных, то они питаются растениями и семенами, что приводит к отсутствию регенерации флоры, особенно в подлеске и травянистой растительности (пастбища). Практически полное отсутствие фрагментированных участков подлеска влияет на гидрологические условия растительности в пределах Фраксинальной системы (THOMAZ, ANTONELLI, 2012).

Первоначально землепользование в системе Фраксинал происходит на участках, расчищенных для выращивания однолетних культур. В результате производственной практики почва истощается, и участки покидаются, после чего в экосистеме начинается процесс регенерации (SA et al., 2014).

Процесс восстановления лесов в Факсинаисе начинается на стадии капоэйры, где растут травы, средние и крупные виды. После стабилизации экосистемы наступает кульминационная стадия, в данном случае на участке коренного леса, благодаря практике вырубки; разложение биомассы корней, листьев, веток увеличивает содержание органического углерода в почве.

При расчистке лесных площадей содержание органического углерода в почве первоначально увеличивается за счет разложения растительных остатков, оставшихся на земле, и корней срубленных деревьев. После этого начального периода интенсивного возделывания почвы содержание углерода в ней, как правило, снижается из-за обработки почвы, в результате чего агрегаты разрушаются и углерод подвергается окислению (CERRI et al., 2008).

2.1 Взаимосвязь между подстилкой и исследованиями запасов углерода

Листовая подстилка является чрезвычайно важным компонентом лесной экосистемы, поскольку она отвечает за круговорот питательных веществ, а также указывает на продуктивную способность леса, соотнося доступные питательные вещества с потребностями в питании конкретной породы деревьев (FIGUEIREDO FILHO et al., 2003).

Именно в этом отсеке экосистемы сосредоточены организмы, ответственные за накопление углерода, а подстилка является наиболее динамичной частью экосистемы (CORREIA; ANDRADE, 2008).

В целом на листья приходится более 50 процентов подстилки, образующейся в лесу. Тадаки (Tadaki, 1977 apud ESCORIZA et al., 2012) считает, что биомасса листьев лесного сообщества является одним из наиболее важных показателей для анализа производственного потенциала леса. Круговорот питательных веществ играет важную роль в поддержании продуктивности экосистем, особенно на малоплодородных и сильно выщелоченных почвах (HAAG, 1985 apud FIGUEIREDO FILHO, 2003).

Подстилка, взаимодействуя с почвой, объединяет все этапы процесса разложения органического вещества в почве и круговорота питательных веществ. По данным CORREIA; ANDRADE (2008), везде, где образуется растительная ткань, начинается процесс разложения.

Лесная среда, фрагментированная в результате хозяйственной деятельности, влияет на характеристики почвы, в данном случае изменяя процесс отложения подстилки, что приводит к снижению производства органического вещества, инфильтрации и уменьшению накопления воды в почве (THOMAZ; ANTONELLI 2012).

Взаимодействие подстилки и почвы выступает в качестве источника в процессе трансформации углерода и производства биомассы, а также среды обитания для органической активности. Под биомассой понимается материал биологического, животного или растительного происхождения. Другой термин, например, лесная биомасса - это весь живой или мертвый природный материал в лесу (SANQUETTA, 2002).

В этом смысле переменные для оценки производства и круговорота питательных веществ основаны на диаметре на высоте груди (DBH) в сочетании с общей высотой. Большая часть живой биомассы в верхнем слое почвы основана на оценке структуры леса (SILVEIRA et al., 2007).

Важность разложения подстилки заключается в том, сколько ее добавляется в верхний слой почвы, в ее "лесную подстилку". Чем больше органического материала и чем медленнее он разлагается, тем толще слой подстилки. Этот процесс позволяет части углерода, добавленного в биомассу, вернуться в атмосферу (CORREIA; ANDRADE, 2008).

> Растительность является основным фактором, ответственным за горизонтальную изменчивость подстилки, поскольку чем разнообразнее растительное сообщество, тем более неоднородной будет подстилка в соседних точках. С другой стороны, вертикальная неоднородность подстилки, то есть ее дифференциация на слои, обусловлена скоростью разложения, которая, в свою очередь, определяется климатическими, эдафическими и биологическими факторами (CORREIA; ANDRADE, 2008, p.137).

11

Почвы в лесных экосистемах имеют важное значение для изучения углерода, поскольку лесная среда способствует стабильности окружающей среды. По мнению Silveira et al (2007), стоит проанализировать экстремальные температурные показатели и количество осадков в поисках решений для предотвращения эрозии и ухудшения состояния почв, что имеет большое значение для цикла накопления углерода.

Анализ органического углерода почвы в различных системах дает возможность оценить качество почвы (NEVES et al., 2002).

В традиционных сообществах, таких как система Факсинал, эта реальность распространяется на фрагментированные в плане использования территории, которые классифицируются как: коренной лес, подлесок, лесополоса и пастбище. Фрагментарное использование может привести к дифференцированному производству и запасам подстилки. Поэтому оценка качества почвы связана с накоплением органического углерода в почве в результате специфической динамики каждого вида использования.

В этом смысле оценка качества почвы направлена на анализ текущего состояния почвы и показателей накопления в ней органического углерода.

Запас органического углерода в почве в различных фрагментированных средах, от леса до пастбища, дает основу для оценки качества почвы на основе процесса накопления углерода в почве.

2.2 Взаимодействие между органическим веществом и качеством почвы

Обсуждение концепции качества почвы началось в 1990-х годах, когда научное сообщество стало анализировать почву с точки зрения качества окружающей среды, деградации и сельскохозяйственной устойчивости с точки зрения использования и управления почвой. Через "здоровье почвы", направленное на производство продуктов питания, обеспечивается лучшее качество жизни для людей (VEZZANI et al., 2008).

В этом смысле здоровье почвы понимается как то, что почва является жизненно важной живой системой в экосистеме. Взаимоотношения, определяющие качество почвы, связаны с землепользованием и антропогенным воздействием на качество воды и воздуха (DORAN, 2000).

Понимание роли качества почвы через влияние органического вещества имеет решающее значение при изучении территорий, вовлеченных в сельскохозяйственную деятельность. В таблице 1 представлены некоторые концепции качества почвы.

Таблица 1: Концепции качества почвы

Доран и Паркин, 1994.	Способность почвы функционировать в пределах экосистемы для поддержания производительности, сохранения качества и здоровья растений и животных.
Карлен *и др*., 1997.	Способность почвы функционировать.
Schj0nning *et al.*, 2003.	Насколько хорошо почва выполняет то, что вы от нее хотите.
	Способность почвы к безопасному растениеводству
Джонсон *и др*., 1992.	и питательными в долгосрочной перспективе, а также улучшать здоровье людей и животных, не нанося ущерба природным ресурсам и не причиняя вреда окружающей среде

Источник: Адаптировано из книги "Органический центр" Службы сельскохозяйственных исследований Министерства сельского хозяйства США (2006).

В факсимильных районах деятельность человека связана с факторами деградации почвы. Эрозия под воздействием воды, потеря питательных веществ и органического вещества, химическое загрязнение и потеря физических свойств - вот основные составляющие процесса деградации почвы (CASSMAN, n.d.).

Запасы углерода в почве имеют тенденцию к снижению из-за практики и форм использования; положительные практики работают на увеличение содержания углерода. Гаттингер и др. (2012) утверждают, что, хотя есть доказательства того, что управляемые почвы имеют более высокую концентрацию углерода, другие исследования не выявили таких различий. Дискуссия расширяется в связи с практикой и управлением органическим или традиционным сельским хозяйством.

Качество почвы связано с показателями, как и качество воды и воздуха. В последних исследованиях почвоведы, фермеры и государственные учреждения проявляют повышенный интерес к показателям качества почвы для оценки темпов деградации и методов управления на территориях землепользования (VEZZANI; MIELNICZUK, 2009).

Органическое вещество (ОВ) в тропических и субтропических почвах играет важную роль в процессе питания, удержания катионов, микроэлементов, стабилизации структуры почвы, удержания воды, аэрации, выступает в качестве источника углерода и стимулирует микроорганическую активность, тем самым являясь основой продуктивного потенциала и качества почв.

В условиях первичной растительности действие ОВ стабильно, но в сельскохозяйственных районах оно меняется в зависимости от способа использования и обычно может быть снижено за счет переворачивания верхнего слоя почвы или выращивания культур, которые не добавляют растительные остатки, изменяя химические, физические и биологические условия почвы.

Микробная биомасса обычно используется для изучения углерода и азота и круговорота питательных веществ. Микробная биомасса является наиболее активной частью органического вещества. Она может быть классифицирована как центральное звено углеродного цикла, как резервуар питательных веществ в процессе круговорота в экосистемах (RODRIGUES; RODRIGUES, 2008).

Органическое вещество в почве понимается как сложная совокупность веществ, динамика которых регулируется добавлением органических остатков различной природы под действием физических, химических и биологических факторов (SANTOS et al., 2008).

По влиянию ОВ на почву разделяют конкретные характеристики:

a)   Химические характеристики: они связаны с доступностью питательных веществ, емкостью катионного обмена (CEC) и комплексообразованием химических элементов и микроэлементов, когда тропические почвы сильно выветриваются.

b)   Физические характеристики: Основным фактором изменения физических характеристик почвы по МО является агрегация, ее влияние на поведение почвы изменяет другие характеристики, такие как пористость, аэрация, водоудерживающая и инфильтрационная способность и плотность.

c)   Биологические характеристики: Органическое вещество (ОВ) напрямую связано с биологическими характеристиками почв, поскольку оно активно участвует в накоплении углерода, энергии и питательных веществ (BAYER; MIELNICZUK, 2008).

В процессе формирования агрегатов структура почвы связана с физическими силами увлажнения и высыхания, замерзания и оттаивания, а также сжатия корней (BAYER; MIELNICZUK, 2008).

МО является основным компонентом продуктивного потенциала и качества почв. В тропических и субтропических регионах деградация нарушает химические, физические и биологические условия почвы, что делает необходимым переоценку соответствующего управления в процессе сохранения почв.

Органическое вещество с точки зрения педогенеза начинается с понимания почвы как природного тела, состоящего из твердой, жидкой и газообразной частей [...] (ANJOS et al, 2008). Таким образом, анализ почвы как живого природного тела выходит за рамки состава исходного материала, а скорее через активную биологическую деятельность, климат, растительность и минеральный материал.

МОП, присутствующие в почве, вносят свой вклад в органо-минеральный растительный покров в педогенетическом процессе. В процессе почвогенеза слой материнского материала, находящийся под действием выветривания, изначально тонкий, постепенно утолщается, дифференцируясь на слои и горизонты, обладающие такими морфологическими свойствами, как текстура, структура, цвет и биологическая активность, формируя характеристики почвенного профиля (ANJOS *et al.*, 2008).

> Почва - это гетерогенная среда, включающая в себя различные вещества и химические коллоиды, физические структуры и самые разнообразные биологические формы, представляющие собой сложную систему, в которой эти компоненты находятся в тесной функциональной взаимосвязи (SIQUEIRA et al., p. 495, 2008).

Рисунок 2: Концептуальная модель сложности почвы и ее компонентов и их интегрирующей функции в биосфере

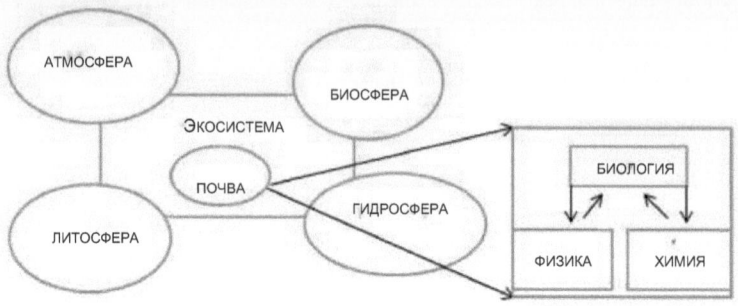

Источник: Адаптировано из Siqueira *et al.*, (2008).

Орг: Каррильо (2016).

Оценка и систематизация динамики запасов органического углерода в почвенно-лесных зонах коррелирует с выбросами парниковых газов. Эта корреляция позволяет рассчитать баланс углерода в лесах и почвах, которые являются основными накопителями углерода (EMBRAPA, 2015).

Поэтому анализ запасов углерода в почве требует планирования и стратегии при выборе территории, методов и техники сбора и времени проведения.

3. ХАРАКТЕРИСТИКА ТЕРРИТОРИИ ИССЛЕДОВАНИЯ

Фраксинал Парана-Анта-Горда расположен в 17 км от городской зоны муниципалитета Прудентополис, штат Пенсильвания, на крайнем западе региона Центр-Юг, рядом с уступом Серра-Жерал, на 2-м плато Параны (рис. 3). Его общая площадь составляет 612 га, из которых 252 га используются для разведения в общинах (FREITAS, ANTONELLI 2012). В настоящее время в Фраксинале проживает 50 семей.

Муниципалитет Прудентополис расположен на широте 25° 12' 47" ю.ш. и долготе 50° 58' 40" з.д. (местонахождение муниципалитета) и имеет девять факсиналов, сохранивших свои первоначальные характеристики после образования в 1997 году, включая факсинал Парана-Анта-Горда. В соответствии с государственным декретом 3446/97 он стал зоной специального регулируемого использования (PARANA, 1997).

Что касается рельефа региона, то он находится на переходе между двумя физико-географическими единицами: Вторым плато Парана с моноклинальными и субгоризонтальными структурами, сгущающимися к западу, и Третьим плато Парана (плато Гуарапуава) с базальтовыми аренитами, граничащим с Эскарпа-да-Эсперанса (SILVA, et.al, 2006).

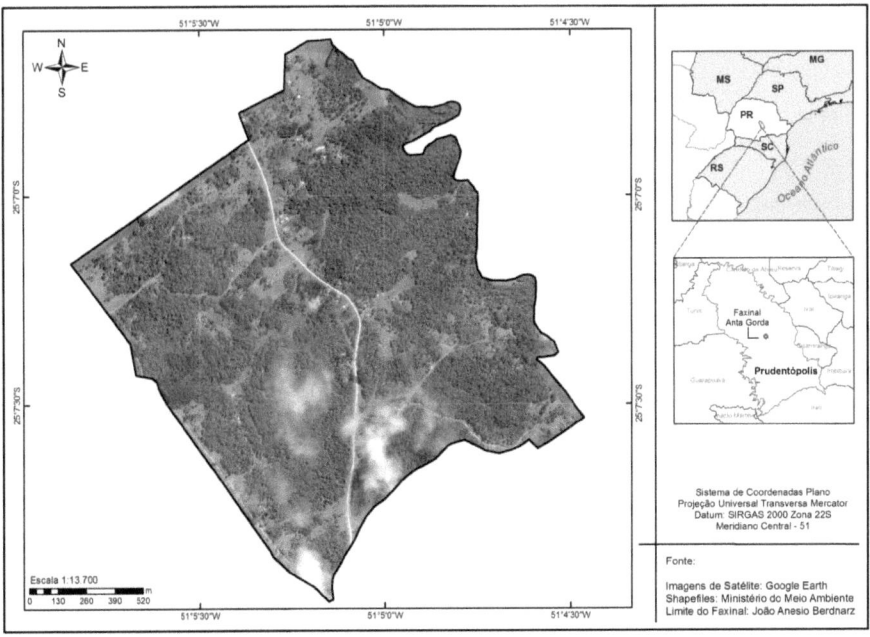

Рисунок 3: Карта локализации Faxinal Paranâ Anta Gorda **Org:** Carrilho (2016).

Растительность Фраксиналь-Парана-Анта-Горда характеризуется наличием смешанного омброфильного леса. Также известный как "мата-де-араукария" или "пинейрал", этот тип растительности родом с Южного плато, где он встречался чаще всего (IBGE, 2012). Лес в Фраксинале характеризуется редким, низким лесом, где вид "Pinheiro Paranà" встречается редко и имеет меньшие размеры (ANTONELLI, THOMAZ, 2012).

Почвы характеризуются преобладанием камбисолей и неосолей, тонких почв с фрагментами горных пород или материнского материала.

Климат региона по классификации Кёппена - Cfb (влажный мезотермальный с мягким летом) с равномерным количеством осадков, отсутствием сухого сезона и среднемесячной температурой не выше 22°C. Зимой сильные морозы случаются в среднем от 10 до 25 дней в году. Историческое количество осадков в регионе составляет в среднем 2057 мм в год (ANTONELLI, 2011).

Классификация Соузы (2007) дает оценку экологической ситуации факсиналов в штате. Среди установленных типологий (таблица 1) факсинал Парана-Анта-Горда относится к типологии 2. Однако в связи с недавней деятельностью в этом районе, такой как наличие коттеджей для отдыха, свинарников и животных, таких как козы и некоторые свиньи, больших огороженных территорий, а также смешанной агропромышленной деятельности, используя классификацию, предложенную Соузой (рис. 1), сегодня реальность Факсиналя Анта Горда попадает в типологию 3.

Среди его характеристик - наличие общего пользования в пределах фермы, свободное перемещение, а также частичное перемещение между некоторыми владениями животных, ограждение, наличие кустарников, ворот и рек, которые пронизывают территорию факсинале. Северо-восточная и восточная границы ограничены рекой Анта-Горда (FREITAS; ANTONELLI, 2012).

4. МАТЕРИАЛЫ И МЕТОДЫ

Для классификации форм использования в системе Фраксинала были проведены полевые работы по изучению растительности в районе с помощью ее типологий, где были определены классы пастбищ, лесов, подроста, араукарий. Внешний участок (Контрольный участок), прилегающий к Фраксиналу, но без выпаса скота, был выбран в качестве эталона для исследований, проведенных в районе разведения.

4.1 Этноботаническое исследование единиц выборки

Этноботанические исследования в Факсинале и на контрольной территории проводились с использованием пробных площадок размером 20 x 50 метров^2 , обнесенных сигнальной лентой. В качестве параметра анализа использовался DBH (диаметр на высоте груди) каждого дерева, взятый в соответствии с критерием 1,30 м от земли (TONINI; ARCO-VERDE; SA, 2005).

Для лесного обследования единицы выборки были количественно определены и первоначально идентифицированы по их народному названию. Они были демаркированы и каталогизированы, а затем идентифицированы по народной и научной номенклатуре (ALBUQUERQUE;

WATZLAWICK, 2012). Таким образом, методология лесного обследования была применена в 4 из 5 областей использования, за исключением пастбищной, а в остальных формах использования - в Факсинале.

При составлении классификаций представитель факсимиле помогал проводить этноботаническую рекогносцировку (рис. 4). В ходе диалога можно было наблюдать за характеристиками листьев, плодов, стволов, оценкой высоты, наличием и отсутствием в единицах выборки. Обладая обширными знаниями в области этноботанической идентификации лесных видов, факсиналенсе сообщил, что нет привычки называть эти виды деревьями. Он сказал, что жители общины распознают "дерево" и классифицируют его как мягкое или твердое, что является интерпретацией, связанной с использованием и управлением для рубки дров.

Поэтому эмпирическая оценка проводилась путем осязания и наблюдения за корой, стволами, текстурой, пятнами и цветами, а затем за листьями и плодами.

В ходе открытого диалога во время измерений представитель рассказал нам о том, как использовался лес в прошлом, как он был более густым, и о сильном присутствии сосны Парана. На основе эмпирической характеристики информация об общих названиях была сопоставлена и расшифрована по идентификационным и научным названиям, чтобы понять знание, богатство и разнообразие видов на данных территориях.

Рисунок 4: Этноботаническая классификация в лесном массиве **Источник:** Marochi (2016).

4.2 Процедура отбора проб подстилки и почвы

Исследования в Faxinal Anta Gorda проводились в единицах отбора проб, ограниченных классами использования: араукариевый лес, лесной массив, подлесок (открытая или разреженная растительность), пастбище и контрольная зона. В пределах единиц отбора проб подстилка собиралась случайным образом.

Была составлена таблица, адаптированная к методологической модели, приведенной в документе EMBRAPA "Методология оценки запасов углерода в различных зонах землепользования" от 2012 года.

Таблица состоит из классификации типологии землепользования, количества видов и их измерений. Затем она была реорганизована, чтобы проследить количество повторений определенных видов в единицах отбора проб. Таким образом, мы можем понять, какой вид наиболее репрезентативен для процесса отложения подстилки.

Мусор, хранящийся в классах использования, был собран с помощью конструкции из ПВХ размером 1x1 м. Квадрант был разбит случайным образом, в общей сложности 9 точек были собраны в рамках матричной единицы отбора проб 20x50 м.

Рисунок 5: Делимитация участка отбора проб 20х5 м в классе "Подземные этажи".

Источник: Carrilho (2016).

Рисунок 6: Квадрант ПВХ 1х1 м и нижний участок 50 см.

Источник: Carrilho (2016).

На участке, фиксированном квадрантом 1х1 м, процесс сбора начинается с 50-сантиметрового нижнего участка в пределах квадранта, где удаляется органическое сырье. Выбор 50-сантиметрового участка в пределах квадранта позволил сделать отбор проб более точным. Образцы были помещены в пластиковые пакеты и промаркированы в соответствии с классом использования.

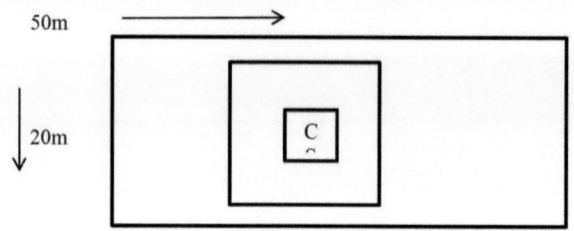

Рисунок 7: Схема расположения точек сбора мусора на участке отбора проб **Источник:** Адаптировано из Embrapa 2002.

Орг: Каррильо (2016)

4.3 Сбор почвы для оценки содержания углерода

Процедура отбора проб началась с определения фиксированных осей для первого повторения конца между тремя (3) гранями траншеи. Затем следовали еще два случайных повторения в пределах единицы отбора проб. На каждую глубину было выполнено три (3) повторения.

Методология была основана на Протоколе количественного определения запасов углерода в почве исследовательской сети Pecus, разработанном Embrapa Pecuâria Sudeste, в котором установленные определяющие оси были прослежены с помощью рулетки до конца матричной единицы отбора проб (20x50) и были проведены измерения на расстоянии 7,5 м на каждой доле с помощью голландского шнека, чтобы начать процесс отбора субпроб на глубине: 0-10 10-20 -20-40- 40-60, всего 4 субпробы для составления составной пробы. Отбор проб почвы для определения запасов органического углерода проводился равномерно вокруг траншей (EMBRAPA 2014). На рисунке 12 показаны точки, отобранные случайным образом, с центральной траншеей в качестве отправной точки для трех фиксированных осей.

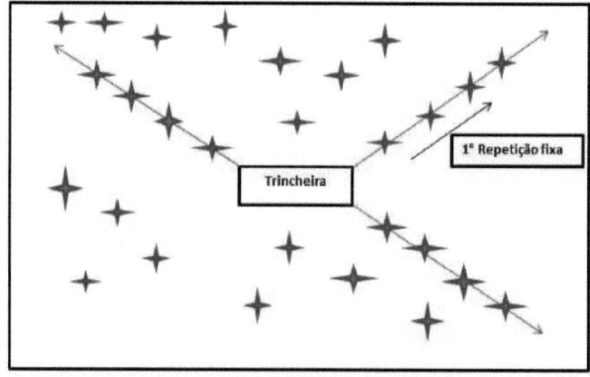

Рисунок 8: Схема отбора проб для сбора углерода с крайних осей траншеи.

Орг: Каррильо (2016).

Случайность образцов позволяет наблюдать за распределением процесса накопления углерода. Образцы, взятые на участках, используемых фермой, использовались для сравнения накопления углерода в Контрольной зоне, за пределами Факсинала. Процедура отбора проб почвы была такой же, как описано выше.

После сбора образцы были вручную гомогенизированы и помещены в пластиковые пакеты с маркировкой по области использования, повторности и глубине и отправлены в лабораторию для анализа ТОС (общего органического углерода) по методу Уокли и Блэка (1934) для определения влажного углерода.

4.4 Анализ и обработка листовой подстилки в лаборатории

Образцы помета были отправлены в лабораторию, где помет сначала был высушен естественным путем. Затем фиксировался его свежий вес, а после оценки и получения постоянного значения он отправлялся в печь для сушки в течение 24 часов при температуре 60°.

Для оценки углерода, запасенного в органическом сырье, по методологии EMBRAPA (2002) для оценки запасов углерода в различных системах землепользования, образцы анализировались с использованием расчетного сухого веса в т/га, и это значение умножалось на коэффициент 0,45, чтобы получить количество углерода в подстилке.

4.5 Анализ данных

Выбор метода анализа данных основывался на описательной статистике, которая заключается в систематизации и описании данных в терминах среднего значения и стандартного отклонения.

Набор данных DBH (диаметр на высоте груди) был обработан с помощью последовательных измерений в программе Excel.

Они применялись с помощью частотных распределений, представленных в таблицах и графиках. Сначала данные усреднялись, а затем определялась дисперсия (стандартное отклонение).

Подстилка анализировалась по сухому и свежему весу, умноженному на коэффициент 0,45, чтобы получить оценку содержания углерода в подстилке. Затем применялось уравнение:

ВН (т/га) = (PSM/PFM) x PFT x 0,04

Где: BH = биомасса подстилки, сухое вещество, PSM = сухой вес собранного образца, PFM = свежий вес собранного образца, PFT = общий свежий вес на квадратный метр, 0,04 = коэффициент пересчета.

Методология оценки запасов углерода в различных видах землепользования. Методика была разработана EMBRAPA Florestas (EMBRAPA 2002). Данные по углероду были проанализированы с использованием средних значений для соответствующих территорий и по глубине.

Методика была проведена с образцами помета, операционализированными в программе Excel (рис. 17), где данные были применены к приведенной выше формуле с использованием коэффициента пересчета.

Применялся дисперсионный анализ (односторонний ANOVA), а для проверки различий между средними значениями переменных использовался тест наименьших значимых различий (LSD).

5. Результаты и обсуждение

ФРАГМЕНТАЦИЯ ФАКСИМИЛЕ ПАРАНА-АНТА-ГОРДА И ТИПЫ ЕГО ИСПОЛЬЗОВАНИЯ

На территории Faxinal Anta Gorda существует четыре (4) формы землепользования: пастбище, подстилка, лес и араукариевый лес, понимаемые через их сукцессионные стадии.

Экологическая сукцессия кратко определяется как совокупность преобразований, происходящих в составе, форме и структуре леса в определенном пространстве-времени (GANDOLFI, 2007).

5.1 Подлесок и лес: капоэйра

На этапе 3^a этой вторичной сукцессии, называемом капоэйра, деревья достигают высоты около 8 м, а их появление происходит, когда некоторые деревья вырубаются и удаляются, чтобы открыть просеку. Что касается вторичной растительности, то одной из ее особенностей является процесс регенерации, возникающий в результате естественной сукцессии, будь то природной или антропогенной. Иногда встречаются виды первичной растительности (CONAMA, 2007). Примерами таких деревьев являются: мате, желтая корица, черная корица, гуабироба, гуасатунга, карне де вака и т.д. Виды, присутствующие в классах подлеска и леса.

Рисунок 9: Район Боске-Капоэйра

Источник: Carrilho, (2016)

Рисунок 10: Подлесок капоэйры

Источник: Carrilho, (2016).

5.2 Лес Араукария и зона контроля (Капоэйрао)

На четвертой стадии[a] этой вторичной сукцессии, которая называется Capoeirao, деревья имеют два уровня высоты, другими словами, 2 страты. На этом этапе растут крупные деревья, такие как сосна и имбуйя, а также множество мелких растений, таких как древовидные папоротники и орхидеи. По этой причине для него характерно более замкнутое место с высокой влажностью. Капоэйрао относится к продвинутой стадии регенерации. Среди его особенностей - преобладание древесной растительности по сравнению с другими слоями, а также широкий диапазон диаметров (CONAMA, 1994).

Рисунок 11: Лес Араукария: Капоэйрао

26

Рисунок 12: Контрольная зона: Капоэйрао

Однако есть и лесные вариации, и в окрестностях варзеи мы имеем формацию аллювиального смешанного омброфильного леса (FOMA). В факсинале аллювиальный лес состоит в основном из *Araucaria angustifolia* (сосна Парана), *Sebastiana commersoniana* (дикая белена), *Luehea divaricata* (конский хлыст). Это общие черты для лесов южного региона страны.

Эти вариации представляют собой фрагменты на территории факсинальной зоны, иногда с густыми лесными массивами, иногда с вырубками "чистого леса", а также участки в процессе восстановления, например, в подлеске со средними и крупными видами, а также с растительностью на начальной стадии (подлесок); Культурные участки стоит выделить для мелкого выращивания.

Реальность в Факсинале меняется благодаря способам использования и управления лесами, демонстрируя изменения в разных масштабах.

В ходе полевых исследований, проведенных в этом районе, был поднят ряд вопросов, которые меняются в зависимости от использования и управления лесами. Сначала картографический продукт дает нам ответ через спутниковый снимок равномерного лесного покрова в районе размножения факсинала.

27

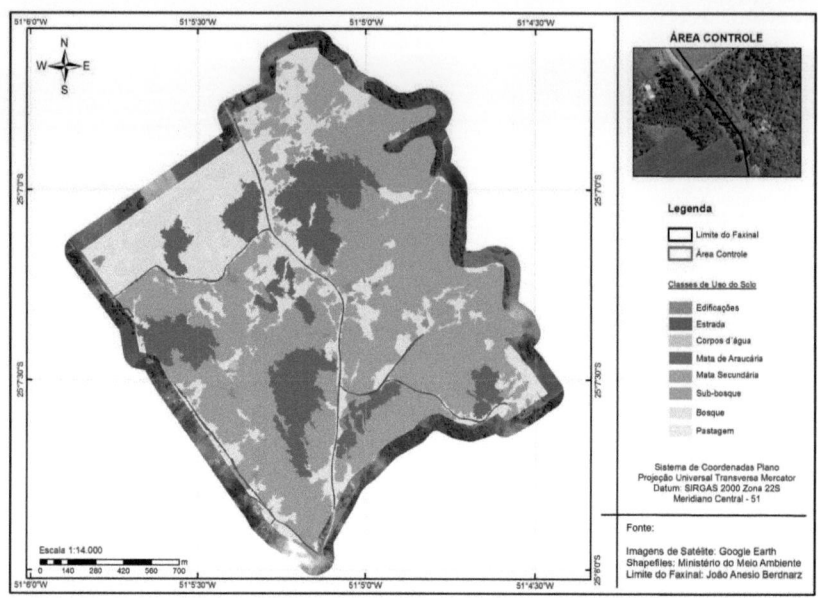

Рисунок 13: Карта классификации землепользования в Факсинал-Парана-Анта-Горда **Орг**: Carrilho (2016).

С этой целью на рисунке показаны специализированные формы пользования на территории питомника. Наблюдаются процессы фрагментации подлеска и лесных массивов, а выбор контрольного участка (вторичный лес) позволил сравнить параметры леса с участками вторичного леса в пределах Факсинальной системы.

Пастбища были распределены на фрагментированных участках между лесами. В то время как лес араукарии между краями гнездовой территории либо менее густой, либо частично густой. Концентрации более густой растительности выходят за границы участка разведения. При этом контрольный участок имеет более сохранные характеристики, с большим количеством подстилки и представительным пологом.

Благодаря анализу диаметра высоты груди (DBH) (Таблица 2), а также классификации и количественной оценке видов на контрольной территории, удалось выявить присутствие видов, которые либо повторяются на территории гнездования факсинала, либо присутствуют только на внешней территории. Виды, широко известные как Carne de Vaca (*Clethra scabra)* и Erva do Mato - Caùna (*Ilex theezans),* выделяются количественно и репрезентативно в пределах единицы отбора проб на контрольной территории.

Наблюдая фрагментированные полосы растительности, можно заметить процесс старения леса, незначительное возобновление, а также присутствие животных в процессе невозобновления. Это очень сильная особенность Faxinal Anta Gorda в лесной (рис. 13) и подпологовой зонах.

Количественная оценка позволила проследить действие лесной биомассы на органический вклад и основные виды, участвующие в процессе отложения подстилки.

Таблица 2: Этноботаническая классификация видов в зоне разведения и контрольной зоне с расшифровкой их научной идентификации.

Общая эмпирическая классификация видов деревьев в выборочных единицах

Виды идентифицированы:

1- Гуасатунга	_Казеария сильвестрис_
2- Желтая корица	_Ocotea glaziovii_
3- Мигель Пинтадо	_Matayba elaegnoides_
4- Ипе	_Handroanthus chrysotrichus_
5 - Белая корица	_Ocotea puberula_
6- Говядина	_Клетра скабра_
7 - Пальмовое дерево	_Syarus romanzoffiana_
8 - Араукария	_Араукария ангустифолия_
9- Сливовое дерево	_Eriobothrya japonica_
10- Белая лоза	_Solanum wightianum_
11- Красная лоза	_Pyrostegia venusta_
12 - Ксаксим	_Dicksonia sellowiana_
13- Такара	_Bambusa tuldoides munro_
14- Кедр	_Cedrela fissilis_
15- Ореховая соска	_Zanthoxylum rhoifolium_
16- Варанейра	_Кордилина спектрабилис_
17- Лисица с корицей	_Alchornea sidifolia_
18 - Кангерана	_Cabralea canjerana_

19- Слива	*Myrcia spectabilis*
20 - Пимента-ду-Мату	*Перец. псевдокариофиллус*
21- Тарума	*Vitex montevidensis*
22- Японский виноград	*Hovenia dulcis thunb*
23- Камбуи	*Myrciaria _foribunda*
24 - Коптильня	*Solanum granuloso leprosum dunal*
25 - Йерба Мате	*Illexs paraguariensis*
26 - Боярышник	*Cratsegus laevigata*
27 - Гуабироба	*Кампоманезия гуавироба*
28 - Палочка молока	*Sapium glandulosum*
29 - Лантана	*Камера с лантаной*
30 - Вишневое дерево	*Eugenia involucrata*
31 - Персиковое дерево	*Prunus myrtifolia*
32 - Черная корица	*Ocotea cathariensis*
33- Эрва-ду-Мату (Кауна)	*Ilex theezans*

Источник: Carrilho (2016).

Что касается связи между наличием лесной биомассы, определенной в единицах выборки, то мы видим, что даже при наличии фрагментированных участков, в той или иной степени ослабленных рубками и действиями животных, в единице выборки

В Араукарийском лесу наблюдается большая однородность видов, известных как гуасатунга (*Casearia sylvestris*), в пределах единицы выборки.

В контрольной зоне в процессе отложения подстилки выделяется вид, известный под названием "Carne de vaca" (*Clethra scabra*). В рамках этой единицы было подсчитано 56 деревьев, за ним следует другой вид, известный под названием "Erva do Mato, Caùna", из которого было подсчитано 42 дерева.

На наиболее управляемом участке леса с низким уровнем возобновления выделяется вид, известный как гуасатунга (*Casearia sylvestris*), с 35 деревьями, за ним следует вид гуабироба с 10 деревьями, в то время как другие классифицированные виды имеют менее десяти деревьев в пределах единицы выборки.

В подэтажном районе, являющемся единицей выборки, лес более управляемый, с небольшим количеством видов и деревьев, находящихся в процессе интенсивной фрагментации. Среди них выделяется вид гуасатунга (*Casearia sylvestris*) (Таблица 2), насчитывающий 22 дерева, за ним следует мате (*Illex paraguariensis*) с 6 деревьями, а число других видов не превышает шести.

5.3 Диаметр на высоте груди (DBH)

При выборе случайных единиц отбора проб во фрагментированном ландшафте, даже на участках с более густой растительностью, в данном случае на участках: Араукарийский лес и Контрольный участок, можно определить количество видов как один из факторов процесса накопления углерода в почве.

Таблица 3: Сумма значений диаметра на высоте груди (DBH) для 4 классифицированных участков.

Виды	Сумма DBH (см)	№ завода/единицы	Образец
Гуасатунга	1140	22	
Каньярана	367	4	
Гуабироба	191	2	
Мате	426	6	
Желтая корица	205	3	
Говядина	58	1	
Палочка молока	54	1	
Араукария	124	1	

Орг: Каррильо (2016)

В результате проведенных измерений в подлеске (табл. 4) на участке отбора проб сократилось количество видов. Это характерно для процесса эволюции ландшафта в результате использования. Особо следует отметить виды Carne de Vaca (*Clethra scabra*), Pau de leite (*Sapium glandulosum*) и Araucària (*Araucària angustifólia*), которые не повторяются в пределах единицы выборки.

Таблица 4: DBH (диаметр на высоте груди) видов подлеска

Общее название	Научное название	DBH (см)	N°

			Деревья/Образец
Гуасатунга	*Казеария сильвестрис*	51,8±29,4	22
Каньярана	*Cabralea canjerana*	91,75±10,2	4
Гуабироба	*Кампоманезия гуавироба*	95,5±11,5	2
Мате	*Illexs paraguariensis*	71,0±20,0	6
Желтая корица	*Ocotea glaziovii*	68,3±14,7	3
Говядина	*Клетра скабра*	58,0±0,0	1
Палочка молока	*Sapium glandulosum*	54,0±0,0	1
Араукария	*Араукария ангустифолия*	124,0±0,0	1
Всего:			**40**

Орг: Каррильо (2016)

Что касается класса "Лес" (Таблица 5), то здесь мы видим большее разнообразие видов, а также деревья, которые не повторяются. К ним относятся виды Pessegueiro Bravo (*Prumus myrtifolia*) Fumeiro (*Solanum granuloso leprosum dunal*) Canela Preta *(Ocotea cathariensis)* Miguel Pintado (*Matayba elaegnoides*) Lantana *(Lantana câmara)* (Таблица 4).

Таблица 5: DBH (диаметр на высоте груди) древесных пород

Общее название	Научное название	DBH (см)	N° Z-деревьяЕдиница выборки
Перец чили	*Псевдокариофит чили*	122, 7± 19,4	6
Гуасатунга	*Казеария сильвестрис*	47,1 ±40,4	35
Мате	*Illexs paraguariensis*	35,7 ± 17,2	3
Пессг. Браво	*Prunus myrtifolia*	73,0± 0,0	1
Гуавироба	*Кампоманезия гуавиро*	70,8 ± 32,6	10
Тарума	*Vitex montevidensis*	65,0 ± 15,0	2
Коптильня	*Solanum granuloso leprosum dunal*	42,0 ± 0,0	1
Черная корица	*Ocotea cathariensis*	104,0 ±0,0	1
Мигель	*Marayba elaegnoides raldlk*	27,0 ±0,0	1

нарисовал

Лантана	*Камера с лантаной*	4,0 ± 0,0	1
Вишневый коврик	*Eugenia involucrata*	142,5 ± 3,5	2
Камбуи	*Мирциария флорибунда*	138,0 ± 8,0	2
Всего:			**65**

Орг: Каррильо (2016).

В классе араукариевых лесов (Таблица 6), в пределах единицы выборки, можно было наблюдать низкий индекс видов, обозначающих данную типологию растительности. Особого внимания заслуживает вид Guabiroba (*Campomanesia guavirova*), который не повторяется, а также вид Guaçatunga (*Casearia sylvestris*), который преобладает на участке единицы отбора проб.

Таблица 6: DBH (диаметр на высоте груди) видов в лесу Араукария.

Общее название	Научное название	DBH (см)	N° Z-деревьяЕдиница выборки
Гуасатунга	*Казеария сильвестрис*	24,0±21,8	127
Мате	*Illexs paraguariensis*	48,5±19,6	4
Говядина	*Клетра скабра*	24,5±,5	2
Кедр	*Cedrela fissilis*	131,0±18,2	3
Гуабироба	*Кампоманезия гуавиро*	113,0±0,0	1
Араукария	*Араукария ангустифолия*	214,0±2,0	2
Всего:			**139**

Орг: Каррильо (2016)

На контрольном участке (Таблица 7) отмечено большее количество видов, и только 3 вида не повторялись: пимента ду Мату (*Pimenta pseudocaryophyllus)* тарума (*Vitex montevidensis*) ува джапао (*Hovenia dulcis thunb*).

Наиболее повторяющимися видами были гуасатунга *(Casearia sylvestris)* - 31, карне де вака (*Clethra scabra*) - 57, эрва ду мату/кауна (*Illex theezans*) - 46.

Таблица 7: DBH (диаметр на высоте груди) видов на контрольной территории.

Общее название	Научное название	DBH (см)	N° Деревья/отбор проб
Гуасатунга	*Казеария сильвестрис*	26, ±821,5	31
Камбуи	*Мирциария флорибунда*	24±3,1	4
Говядина	*Клетра скабра*	52,4±38,9	57
Кедр	*Cedrela fissilis*	28±24,8	3
Коптильня	*Solanum granulosum лепрозум дунал*	34,7±41,7	4
Йерба Мате	*Illexs paraguariensis*	16,0±-7,0	2
Сучка Мамика	*Zanthoxylum rhoifolium*	23,5±3,5	2
Желтая корица	*Ccotea glaziovii*	53,2±47,9	10
Каньярана	*Cabralea canjerana*	37,0±20,0	5
Сливовый куст	*Мирциария спектральная*	51,7±8,4	15
Лиса с корицей	*Alchornea sidifolia*	14,2±1,8	4
Перец чили	*Псевдокариофит чили*	16,0±1,8	1
Мигель Пинтадо	*Matayba elaegnoides*	63,6±69,7	10
Араукария	*Araucària angustifolia*	4,0±0,0	3
Тарума	*Vitex montevidensis*	24,0±0,0	1
Японский виноград	*Hovenia dulcis thunb*	10,0±0,0	1
Кустарниковая трава	*Ilex theezans*	21,3±18,8	46
Всего:			**153**

Орг: Каррильо (2016)

5.4 Запас подстилки для различных видов использования

Сочетание подстилки и почвы не только связано с источниками углерода, но и обеспечивает пищу для организмов, обитающих в почве, среду обитания для живых организмов, а подстилка является динамичной частью всего процесса формирования (CORREIA et al., 2008).

Что касается результатов взаимодействия листовой подстилки как фактора в процессе накопления углерода, то мы можем проанализировать его (Рисунок 17) через производство биомассы в единицах выборки.

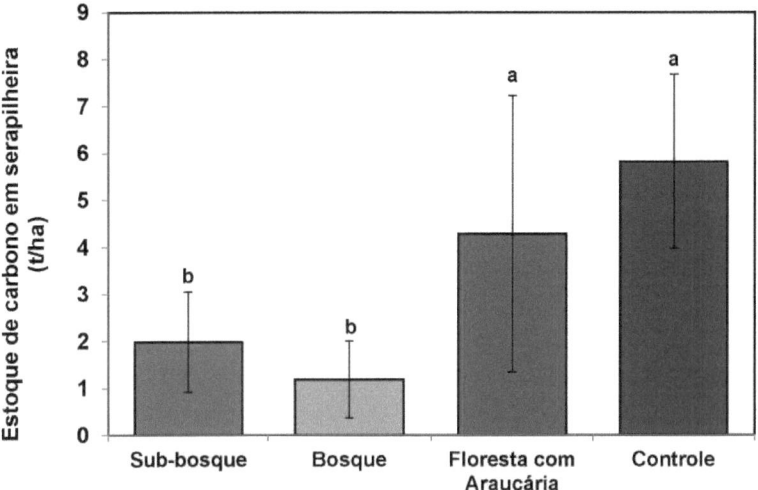

Figura 14: Средние значения образцов запасов углерода подстилки, соответствующие каждому району

Примечание: одинаковые буквы в столбиках не имеют существенных различий на уровне 0,05% по тесту LSD (наименьшая значимая разница).

Орг: Каррильо (2016)

Роль почвы в этом процессе связана с доступностью воды и других питательных веществ для производства биомассы, способствующей накоплению органического вещества. Мы видим, что в пределах гнездовой территории Faxinal классы подлеска и леса имеют более низкие значения, что свидетельствует о более фрагментированных территориях. Араукариевый лес выделяется депонированным запасом в 4,28 тонны/га. Однако класс с самым высоким вкладом подстилки находится на территории за пределами Фраксинала, классифицируемой как Контрольная зона, с запасом депонирования 5,82 т/га. Однако запасы углерода в подстилке контрольной зоны и леса Араукария эквивалентны.

5.5 Общий углерод в почве

Под органическим веществом почвы (SOM) понимают (С), которое образуется в результате отложения растительных и животных отходов, которые / со временем подвергаются биотическим и абиотическим преобразованиям, после чего происходит процесс стабильного разложения, известный как гумус. Это содержимое становится доступным для растений, а органическая коллоидная система высвобождается вместе с минеральной фракцией в физической структуре почв (ALVES et al., 2008).

Таблица 8: Концентрация общего органического углерода (г/дм^3) на глубине в зависимости от землепользования.

Землепользование	Глубина почвы (см)			
	0-10	10-20	20-40	40-60
Пастбище	21.0±2.7	19.5±4.0	15.1±6.3	9.9±3.0
Underbrush	22.0±3.2	20.6±3.2	14.9±5.3	13.2±5.8
Вудс	23.0±1.0	19.5±1.2	13.8±1.1	6.4±1.3
F. Arauc.	24.1±4.9	22.7±4.4	19.3±3.6	16.3±2.7
Управление	21.9±0.6	18.0±1.1	8.8±1.4	Nr

Среднее значение с последующим стандартным отклонением; nr = не зарегистрировано. Не было обнаружено существенной разницы в запасах

Углерод между использованиями.

Источник: Carrilho (2016).

Для анализа данных использовались средние значения образцов углерода из соответствующих зон: пастбища (рис. 18 А), подлеска, леса, араукарии и контрольной зоны. Начнем с класса пастбищ (Рисунок 14).

Исследования показывают, что на пастбищах запасы углерода (С) могут быть близки к тем, которые наблюдаются на участках с естественной растительностью.

Количество углерода (С) варьируется в зависимости от типа использования участка разведения. На графиках (В-С) показано среднее содержание углерода в амотральной единице в подполевых и лесных зонах.

Во всех вариантах использования наблюдается уменьшение количества углерода на глубине, что характерно для процесса накопления углерода в почве. Другими словами, больше углерода накапливается в поверхностных горизонтах. В классах Understorey и Woodland это уменьшение запасов наблюдается на глубине (30-60) см. Таким образом, я заметил, что наибольшие запасы углерода хранятся на глубине (0-30) см.

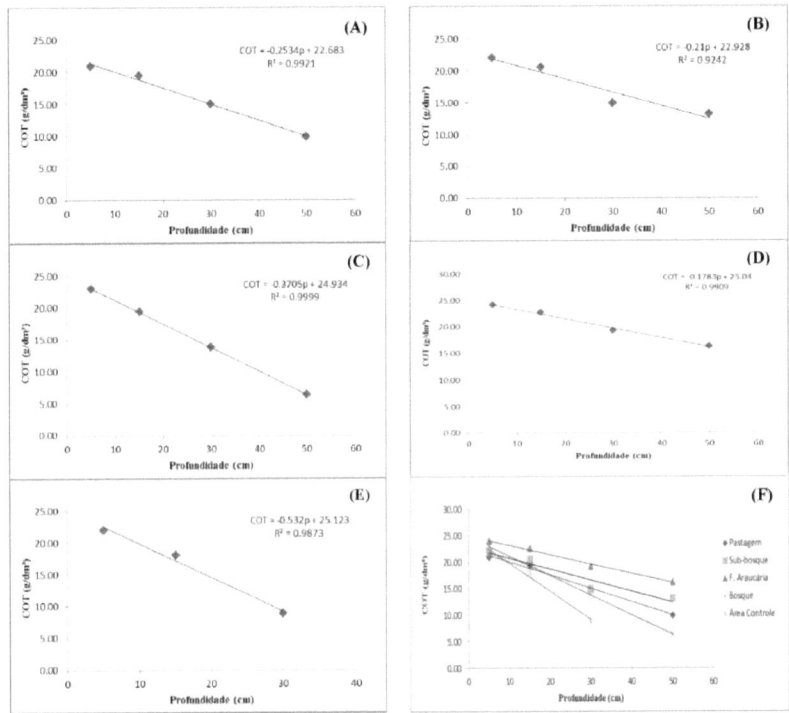

Figura 15: Взаимосвязь между запасами углерода в почве на пяти участках, классифицированных по глубине.

Орг: Каррильо (2016)

Поведение процесса накопления углерода в лесу Араукария (D-E), демонстрирующее более высокую концентрацию запасов углерода, но имеющее тенденцию к снижению по глубине, особенно в поверхностных слоях.

Мы можем проанализировать, что классы Araucaria Forest, Understorey и Control Area показывают более высокие значения запасов углерода в почве, в этом смысле мы понимаем, что эти два класса показывают нам большие запасы в первых слоях почвы (10-30).

После рассмотрения запасов углерода на каждом изолированном участке, на графике (F) показаны все используемые участки в пределах участка разведения, а также контрольный участок.

Характер уменьшения глубины схож во всех районах. Однако на глубине 50-60 см наблюдается большее расстояние между концентрациями углерода между участками.

Теория накопления углерода в почве основана на механизмах стабилизации, взаимодействии органического вещества с минералами и эффекте агрегации (ALVES et al., 2008).

В лесных районах запас углерода чрезвычайно важен благодаря тому, что воздушные элементы (листья, ветви, плоды) деревьев с течением времени взаимодействуют с почвой в процессе упаковки подстилки (MAFRA et al., 2008). Об этом свидетельствуют представленные здесь данные, где контрольный участок и лес Араукария демонстрируют больший вклад подстилки и запасов углерода.

1.6 Фрагментация лесов в системе Фраксинал

В естественной среде воздействие, наблюдаемое в системе Фраксинал, включает фрагментацию леса и участки естественной растительности, прерванные как естественным старением леса, так и антропогенным воздействием. Эти участки с разреженной растительностью расположены, прежде всего, на опушках леса, которые более открыты и имеют более высокую освещенность.

Эти вырубки по всей территории использования приводят к усилению эрозии, заиливанию водотоков и снижению биоразнообразия. Однако сокращение количества лесных видов особенно заметно на участках "Лес" и "Подлесок".

Факсиналы с их управляемыми лесами не имеют "нетронутых" структур, даже на стадии вторичной сукцессии. По этой причине была выбрана контрольная территория за пределами факсиналя, чтобы сравнить характеристики видов в зоне размножения и за ее пределами.

Благодаря этноботаническому исследованию мы можем наблюдать характеристики контрольной территории, на которой в результате отбора проб было обнаружено большее количество и разнообразие видов по сравнению с тремя (3) классами леса, определенными на территории разведения.

Средние значения образцов подстилки показывают положительный аспект ситуации в факсинае, с тенденцией к сокращению видов в подлеске и отсутствием подстилки по сравнению с другими факсинаями в южно-центральном регионе. Однако в подлеске было больше видов, чем в лесу, что актуально, учитывая процесс фрагментации лесов.

Таким образом, в лесу Араукария на территории питомника запас подстилки был близок к значениям контрольной территории, где происходит более интенсивное отложение подстилки. Лес *Араукарии* демонстрирует определенную специфику в пределах единицы отбора проб, с небольшим присутствием сосны Парана и многочисленными деревьями вида Гуасатунга (*Casearia syvestris*) практически по всей единице отбора проб.

Продуктивность растений определяется количеством осадков и температурой, которые являются определяющими факторами в процессе производства и отложения органического материала (GONZALEZ, 19984).

В случае с Фраксиналом в лесу наблюдается больший поток и присутствие животных с большим уплотнением и управлением рубкой дров и выпасом скота, где эти разреженные участки приведут к меньшему количеству деревьев и, следовательно, меньшему отложению и меньшему запасу углерода в подстилке.

В литературе, посвященной фрагментации лесов в факсинальной системе, говорится о низком производстве биомассы и снижении разнообразия (THOMAZ and ANTONELLI, 2015). Это вызвано использованием и управлением, в данном случае антропогенным воздействием и потоком животных, что влияет на процесс восстановления и уменьшает возобновление в лесу. Однако факсимиле Paranà Anta Gorda демонстрирует противоположную картину: в лесных массивах наблюдается более активная деятельность, связанная с использованием и управлением.

1.7 Взаимосвязь между запасами подстилки и общим углеродом почвы

Процесс уменьшения количества подстилки напрямую влияет на почву, нарушая ее состав и структуру. Эта взаимосвязь между листовой подстилкой и органическим углеродом отличается на всех участках использования на глубине 40-60 см, поскольку в естественных условиях почвы обычно имеют рыхлую, проницаемую структуру и, следовательно, большее содержание органических веществ в лесу Араукария и контрольном участке на начальной глубине от 0 до 30 см.

ТОС уменьшался на всех участках Фраксинала, а также на контрольном участке в зависимости от глубины. Таким образом, на основе синтеза всех видов землепользования было получено эмпирическое уравнение, которое объясняет 96 % вариаций углерода в почве в зависимости от глубины: ТОС = -0,2527P + 23,383 (R^2 = 0,9633, p = 0,01). Где ТОС - общий органический углерод, а P - глубина в см.

Такое уменьшение запасов углерода в глубоких слоях свидетельствует о возникновении стратификации в верхних и приповерхностных слоях почв (SA и LAL, 2008).

Тенденция к снижению содержания органического углерода в почве в районах Факсинальной системы свидетельствует о почвах с низкой степенью нарушенности и стабильности, с более высокой концентрацией углерода в поверхностных слоях.

Леса накапливают на земле много биомассы, и эта мертвая биомасса называется подстилкой. Она состоит из листьев, веток, цветов, плодов и прочей мелочи, которая хранится в верхнем слое почвы.

В Faxinal Paranà Anta Gorda сборы, сделанные в разные месяцы между зимой (август) и летом (декабрь), показали различный вклад. Сборы, проведенные в период с ноября по декабрь, показали большее накопление органического вещества, в основном листьев и веток.

Данные по подстилке показали, что наибольшее количество подстилки выпадает в лесных классах Араукарии и на внешней территории (контрольная территория). Таким образом, на вклад влияет количество остатков воздушной части, которые откладываются в поверхностном слое, образуя подстилку (CORREIA et al., 2008). Однако в данном исследовании изменение количества листовой подстилки не оказало прямого влияния на запас углерода в почве.

В литературе по-разному оценивается вклад листовой подстилки: в одних исследованиях рассматриваются только листья, в других - тонкие ветки, кора и прочая мелочь. В данном исследовании были собраны все листовые материалы, тонкие ветви, кора и плоды. В полевых условиях можно было оценить характеристики большего или меньшего присутствия этих вариантов. На участках с большим потоком животных наблюдалось большее присутствие коры и тонких веток из-за воздушного вмешательства и редкого отложения этих видов с фрагментами пастбищ. В классах "Араукариевый лес" и "Контрольная территория" наблюдалось значительное присутствие листьев, некоторых плодов и большого количества коры от видов, находящихся на поздней стадии развития. Поток животных в этом районе отсутствует, так как это изолированное место на территории частного владения, но примыкающее к гнездовому участку факсинала.

> Разложение этого слоя позволяет части углерода, включенного в биомассу в процессе фотосинтеза, вернуться в атмосферу в виде CO^2, а другие поглощенные элементы повторно использовать растениями (CORREIA et al., 2008).

Этот процесс деградации подстилки непосредственно влияет на почву, нарушая ее состав и структуру. В лесных условиях, таких как классы Araucaria Forest и Control Area, поверхностные слои почвы имели более рыхлую, проницаемую структуру и более высокое содержание органических веществ.

Взаимодействие подстилки и органического углерода через представленные данные по вкладу подстилки и органического вещества в факсинальной и контрольной зонах показывает различия в углероде между классами использования только на глубине 40-60 см. Наибольший запас происходит в лесах араукарии и в контрольном классе на начальной глубине от 0 до 30 см. ТОС имеет тенденцию к уменьшению с глубиной во всех видах использования.

Снижение концентрации и запасов углерода в более глубоких слоях свидетельствует о стратификации между поверхностным и подповерхностным слоями почвы (SA et al., 2008). Добавление органического вещества разлагает и обогащает поверхность 0-10 см. Это обогащение поддерживает структуру и качество почвы в системе Фраксинал.

Тенденция к уменьшению глубины связана с управлением, естественным преобразованием в агроэкосистему, изменением состояния равновесия, гидротермального режима, уменьшением органического вещества и биоразнообразия (SA et al., 2008).

Эта реальность присутствует в факсинале, который отличается от территорий, управляемых системами сельскохозяйственных плантаций, где, возможно, в факсинале, отсутствие эрозии, механизированной деятельности и не подвергание верхнего слоя почвы воздействию приводит к большему сохранению и сохранению ТОС в течение длительного периода времени. Другими словами, система более устойчива к воздействию, которое она получает. Другими словами, система более устойчива к получаемому воздействию, поскольку даже на участках с более низким уровнем отложения подстилки количество углерода в почве было аналогичным. Таким образом, сокращение количества выпавшего мусора не обязательно привело к сокращению углерода в почве. Таким образом, простая корреляция между запасом подстилки и углеродом почвы не является хорошим показателем углерода почвы.

6. Заключение

Этноботаническая количественная оценка и классификация позволила оценить реальное состояние леса, определить, какие виды присутствуют, а какие являются более представительными в процессе отложения и хранения подстилки. Выбор в пользу проведения исследования по идентификации видов с использованием этноботанических методов был важен для дополнения эмпирико-научных знаний о лесных участках, которые не имеют нетронутых структур, и которые являются результатом процесса эволюции ландшафта в результате использования и управления на факсинальных территориях. Фрагментация лесов имеет большое значение для изучения систем агролесоводства, поскольку показывает, что в разреженных районах почва подвергается большему воздействию, что усиливает эрозию и заиливает водотоки на территории фермы.

На всем протяжении Факсинала можно увидеть изменения, как естественные, так и вызванные антропогенным воздействием. Однако в его лесной структуре сохранились участки с густой растительностью.

Процесс отложения подстилки в классах вторичного леса показывает, что даже в одном лесном массиве осадки и температура взаимодействуют в процессе отложения листьев и накопления органического материала в почве и могут иметь различия. Такая близость накопления углерода в подстилке происходит не только из-за количества видов, но и из-за других определяющих факторов. Даже более управляемые, фрагментированные территории с большими расстояниями, такие как Подлесок, с тенденцией к старению деревьев из-за отсутствия возобновления, вызванного потоком и кормлением животных, имели больший вклад углерода в подстилку, чем Лес. Другими словами, это особая реальность по сравнению с историей других факсинаев в регионе Центр-Юг.

Изменчивость лесов является одним из определяющих факторов в процессе отложения подстилки, а условия среды неоднородны, поэтому в пределах факсимиле всегда будет наблюдаться дифференциация подстилки, случайные точки позволили нам показать эту дифференциацию, не только благодаря сборам в разных районах, но и благодаря разнообразию видов, найденных в каждом использовании.

Оценка влияния подстилки в различных лесных фрагментах как фактора, обуславливающего накопление углерода в почве, оказалась неудовлетворительной, поскольку такие лесные фрагменты, как подлесок и лесополоса, имели в три с половиной раза меньший запас подстилки, но при этом имели такое же количество органического углерода в почве по сравнению с использованием араукариевого леса и контрольного участка.

ТОС уменьшается в нижних слоях почвы, но запас органического углерода выше на начальной глубине 0-30 см. Во всех областях использования наблюдалось сходство.

Таким образом, другие взаимосвязи в оцениваемых видах использования могли быть важны для сохранения углерода в почве, независимо от снижения количества выпавшего мусора. В данном случае, не подвергая верхний слой почвы воздействию осадков и эрозии, можно сохранить запас органического углерода в почвах Факсинала. Таким образом, несмотря на фрагментацию леса и снижение количества подстилки, система устойчива к деградации органического углерода в почве.

7. ССЫЛКИ

ALBUQUERQUE, J. M. de; WATZLAWICK, L. F. Фитосоциологическая характеристика растительности факсинала Мармелейру-де-Сима в муниципалитете Ребусас - Парана. **Revista Eletrônica de Biologia**, v. 5, n. 1, p.100-128, 2012. Доступно по адресу: <revistas.pucsp.br/index.php/reb/article/view/3326>. Accessed on: 29 June 2016.

ALBUQUERQUE, J. M.; WATZLAWICK, L. F; MESQUITA, N. S. Влияние использования факсимиле на флористику и структуру двух участков смешанного омброфильного леса в муниципалитете Ребусас, ПР. **Ciência Florestal**, Santa Maria, v. 21, n. 2, p. 323-334, Apr./Jun.2011.

АНДРАДЕ, Д. Ф. **Статистика для сельскохозяйственных и биологических наук: с понятиями эксперимента**. 3 ed. Florianópoli: Ed da UFSC, 2013.

ANTONELLI, V.; BEDNARZ, J. A. Эрозия почвы при выращивании табака (*nicotina tabacun*) на небольшом сельском участке в муниципалитете Ирати-Парана. **Caminhos de Geografia**, Uberlândia, v. 11, n. 36, p. 150-167. Дек. 2010.

ANTONELLI, V.; THOMAZ, E. L. Производство листовой подстилки во фрагменте смешанного омброфильного леса с факсинальной системой. Soc. & Nat., Uberlândia, ano 24 n. 3, 489-504, sep/dez. 2012.

ARAÙJO, R. Поступление подстилки и питательных веществ в почву в трех моделях восстановления растительности в биологическом заповеднике Посу-дас-Антас, Силва Жардим, RJ. **Floresta e Ambiente**, Rio de Janeiro, v. 12, n. 2, p. 15-21, nov./dez. 2006.

AREVALO, L. A.; ALEGRE, J. C.; VILCAHUAMAN, L. J. M. **Методология оценки запасов углерода в различных системах землепользования**. Документ 73. Коломбо: EMBRAPA Florestas, 2002.

BRAY, J. R.; GORHAM E. Производство подстилки в лесах мира. **Advances in Ecological Research**. n. 2, p. 101-157, 1964.

ЧАНГ. М.Й. **Система факсимиле**: форма крестьянской организации в условиях дезинтеграции на юге Центральной Параны. Лондрина: IAPAR, 1988.

DORAN, J. W.; ZEISS, Michael R. Здоровье и устойчивость почвы: управление биотическим компонентом качества почвы. **Прикладная экология почв**. v. 15, p. 3-11, 2000.

EMBRAPA. Руководство по методам анализа почв. 2. изд. **перераб. атуал**. Рио-де-Жанейро, 1997.at:

<http://www.agencia.cnptia.embrapa.br/Repositorio/Manual+de+Metodos_000fzvhotqk
02wx5ok0q43a0ram31wtr.pdf>. Accessed on: 09 June 2015.

ESCORIZA, R. N. et al. Методы сбора и анализа подстилки, применяемые для изучения круговорота питательных веществ. **Floresta e Ambiente**, Rio de Janeiro, v. 2, n. 2, p. 1-18, 2012.

FERNANDES, F. et al. **Протокол для количественной оценки запасов углерода в почве от исследовательской сети Pecus**. Сао Карлос, СП: Embrapa Pecuària Sudeste, 2014. Доступно at: <https://www.embrapa.br/busca-de-publicacoes/-
/publicacao/1006926/protocolo-para-quantificacao-dos-estoques-de-carbono-do-solo- da-rede-
pesquisa-pecus>. Accessed on: 23 March 2016.

FIGUEIREDO FILHO, A. et al. Сезонное производство подстилки в смешанном омброфильном лесу в Национальном лесу Ирати (PR). **Ambiência**, Guarapuava, v.1, n. 2, 2003.

ФЛОРИАНИ, Н. и др. Гибридные модели сельского хозяйства в факсинале в Паране: слияние воображения и знаний о ландшафтах. **Geografia**, Rio Claro, v. 36, p. 221-236, 2011.

ФРАНЦЛУББЕРС, А. Дж.; ХЕЙНИ, Ричард Л. Оценка качества почвы в органическом сельском хозяйстве. **Органический центр**, 2016. Доступно по адресу: <https://organic-centre.org/reportfiles/SoilQualityReport.pdf>. Accessed on: 23 March 2016.

ФРЕЙТАС, А. Р.; АНТОНЕЛИ, Вальдемир. Составление карты землепользования и постоянных заповедных зон (APPS) в Факсинале Анта Горда, Прудентополис - ПР. **Rev. GEOMAE**. Campo Mourao, PR. v. 3, n. 2, p. 35-48, 2012.

ГАНДОЛЬФИ, С. Лесная сукцессия и бразильские леса: концепции и проблемы. **Экологическое общество Бразилии**, [s.i], 2007. Доступно по адресу: < http://www.seb-ecologia.org.br/viiiceb/palestrantes/Sergius.pdf>. Accessed on 15 Feb. 2016.

ГОНСАЛВЕС, Д. Р. П. **Пространственное распределение углерода и его связь с продуктивностью культур в почвах при длительной безотвальной обработке**. Диссертация (степень магистра агрономии), Государственный университет Понта-Гросса, Понта-Гросса, 2014.

GONÇALVES, D. R. P. et al. Тенденции накопления углерода, наблюдаемые в различных почвенных системах в факсинальном сообществе. **Synergismus scyentifica UTFPR**, Pato Branco, n. 9, p. 1-5, 2014.

LOWEN SAHR, C. L.; CUNHA, L. A. G. O significado social e ecológico dos Faxinais: Reflexoes acerca de uma política agrària sustentâvel para a regiao da mata com araucària no Paranà.

Emancipaçâo, Ponta Grossa, v. 5, n. 1, p. 89-104, 2005.

МАРТИНС, Л.; КАВАРАРО, Р. (орг.). **Техническое руководство по растительности Бразилии**: Фитогеографическая система, инвентаризация лесных и луговых формаций, методы и управление ботаническими коллекциями, процедуры картографирования. Рио-де-Жанейро: IBGE, 2012.

НАКАМУРА, Х. **Резолюция № 72/97**. Куритиба: SEMA, 1997. Доступно по адресу: < http://www.iap.pr.gov.br/arquivos/File/Legislacao_ambiental/Legislacao_estadual/RES OLUCOES/RESOLUCAO_SEMA_FAXINAL_Linha_Parana_ANTA_GORDA.pdf>. Accessed on: 27 June 2016.

NERONE, M. M. **Sistema Faxinal: terra de** plantar, terra de criar. Editora UEPG, [s.i], 2015.

ROQUIM, C. C. **Концепции плодородия почвы и соответствующего управления для тропических регионов**. Кампинас: Embrapa Satellite Monitoring, 2010.

SA, J. C. M. et al. Почвенно-специфические инвентаризации ландшафтных запасов углерода и азота под No-Till и естественной растительностью для оценки компенсации углерода в субтропической экосистеме. **Журнал Общества почвоведов Америки, [s.i], 2013 г.**

SANTOS, G.A. & Camargo, F.A.O. (Eds). Основы органического вещества почвы: тропические и субтропические экосистемы. 2 изд. **Revista Atual**, Порту-Алегри: Metrópoles, 2008.

СТРАЧУЛЬСКИ, Я. **Этноэкологический подход к почвенно-растительным отношениям на свойствах в подсистеме "терра де плантар" в Факсинале Такари дос Рибейрос**. Рио-Азул-ПР. Заключение по курсу (дипломная работа по географии) - Государственный университет Понта-Гросса, Понта-Гросса, 2011.

STRUMINSKI, E.; STRACHULSKI, J. Обзор представлений о лесах факсинаиса на основе фитогеографического подхода. **Terr@Plural**, Ponta Grossa, v.6, n.1, p. 55-77, янв./июнь. 2012.

Силвейра, П. и др. Состояние дел в оценке биомассы и углерода в лесных формациях. **Floresta**, Curitiba, v. 38, 2007.

SILVEIRA, P. et al. THE STATE OF THE ART IN THE ESTIMATION OF BIOMASS AND CARBON IN FOREST FORMATIONS. **FLORESTA,** Куритиба, PR, v. 38, n. 1, янв./мар. 2008.

SOUZA, R. M. **Mapeamento Social dos Faxinais no Paranâ**. 2009. Available at: <http://*www2.mp.pr.gov.br/direitoshumanos/isad_fax_art01.php*>. Accessed on: 21 September 2015.

Сильва, Ж. М. и др. **ГЕОМОРФОЛОГИЯ, ГЕОЛОГИЯ И ТУРИЗМ В**

МУНИЦИПАЛЬНОМ РАЙОНЕ ПРУДЕНТУПОЛИС, ПР. 2006. Доступно по адресу: <http://www.labogef.iesa.ufg.br/links/sinageo/articles/524.pdf>. Accessed on: 6 October 2006.

TAVARES, L. A. Campesinato e os faxinais no Paranà: as terras de uso comum, Thesis (PhD in Geography), Университет Сан-Паулу, Сан-Паулу, 2008 г.

Толедо, В. М.; Баррейра-Бассолс, Н. Этноэкология: постнормальная наука, изучающая традиционные мудрости. **Desenvolvimento e Meio Ambiente,** UFPR, Curitiba, n. 20, p. 31-45, Jul./Dec. 2009.

ТОМАЗ, Е. Л. Факсимильная система: исследования в UNICENTRO и перспективы для экологических исследований. Terr@Plural, Ponta Grossa, v.5, n.2, p.199-212, июль/декабрь 2011.

ТОМАЗ, Е.Л., Антонели, В., 2015. ПЕРЕХВАТ ДОЖДЯ ВО ВТОРИЧНОМ ФРАГМЕНТЕ АРАУКАРИЕВОГО ЛЕСА С ФАКСИНАЛОМ, GUARAPUAVA-PR. CERNE 21, 363-369.

TONINI, H.; ARCO-VERDE, M. F.; SA, S. P. P. de. Дендрометрия местных видов в однородных плантациях в штате Рорайма - Andiroba (Carapa guianensis Aubl), Castanha-do-Brasil (Bertholletia excelsa Bonpl.), Ipê-roxo (Tabebuia avellanedae Lorentz ex Griseb) и Jatobà (Hymenaea courbaril L.). **Acta Amazônica,** v. 35, n.3, p. 353-362, 2005.

VEZZANI, F. M.; MIEL NICZUK, J. Взгляд на качество почвы. Rev. **Bras. Ci. Solo,** Curitiba, v. 33, p. 743-755, 2009.

ВИАНА, Дж. Х. М.; ЗАНАТТА, А. Дж.; ПУЛРОЛЬНИК, К. **Протокол для оценки запасов углерода и азота в почве в лесных системах**: Проект состояния. Коломбо: EmbrapaFlorestas , 2015. Available at: https://www.embrapa.br/florestas/busca-de-publicacoes/- /publicação/1023672/protocolo-para-avaliação-do-estoque-de-carbono-e-de-nitrogeno-do-solo-em-sistemas-forestais---projeto-saltus>. Accessed on 25 October 2015.

WALKLEY, A; BLACK, I. A. Исследование метода Дегтярева для определения органического углерода в почвах: Влияние вариаций условий сбраживания и неорганических компонентов почвы. Почвоведение, т. 63, с. 251-263, 1934 г.

Printed by Books on Demand GmbH, Norderstedt / Germany